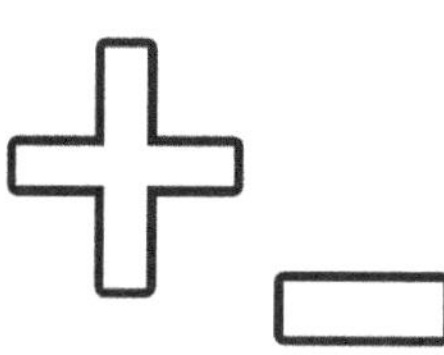

Matemáticas de preescolar

Este libro le pertenece a:

____

____

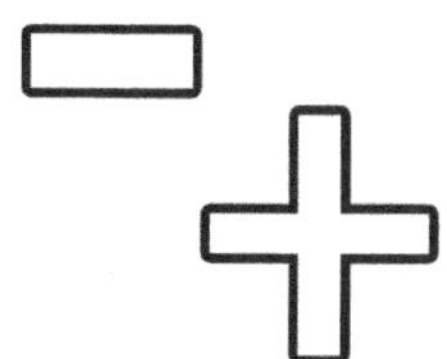

- Si su hijo/a está aprendiendo a sostener un crayón, córtelo por la mitad para que sea más corto. Esto hace que sea más fácil para ellos usar el agarre adecuado del lápiz con tres dedos.

- Fomente la familiarización con la dirección de los textos impresos ayudando a su hijo/a a señalar los objetos de izquierda a derecha mientras usted cuenta en voz alta. Muéstrele cómo trazar los números de la página de arriba a abajo y de izquierda a derecha.

- La correspondencia uno a uno es la capacidad de contar cada objeto sólo una vez y con un toque por objeto. Si su hijo aún no domina esta habilidad, ¡está bien! Practique esta actividad con objetos reales contándolos mientras los coloca en un tazón. Luego inténtelo nuevamente en el papel.

- Cuente en voz alta, hable sobre los tamaños y patrones en su vida diaria. Señale los números y las formas en su alrededor. Utilice canciones y libros para que sea divertido.

- Está bien utilizar hojas de trabajo siempre y cuando el niño las disfrute. Asegúrese de realizar actividades con juego para trabajar en los conceptos también.

Cuenta y dilo en voz alta

cero gatos

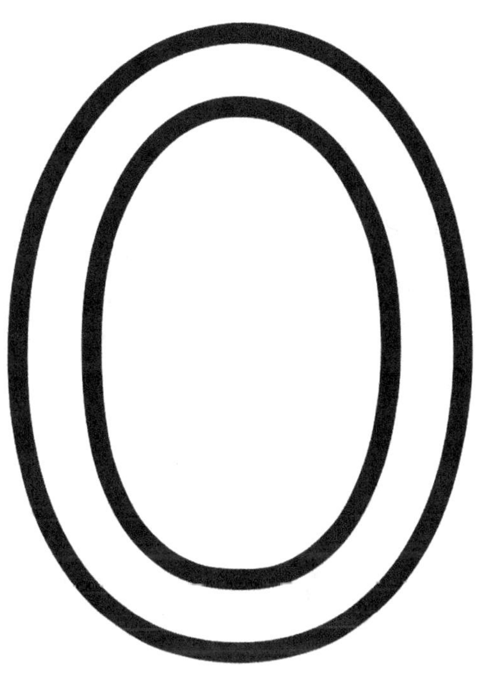

0

cero cero cero

Colorea el gato que tiene cero rayas.

Cuenta y dilo en voz alta

un caimán

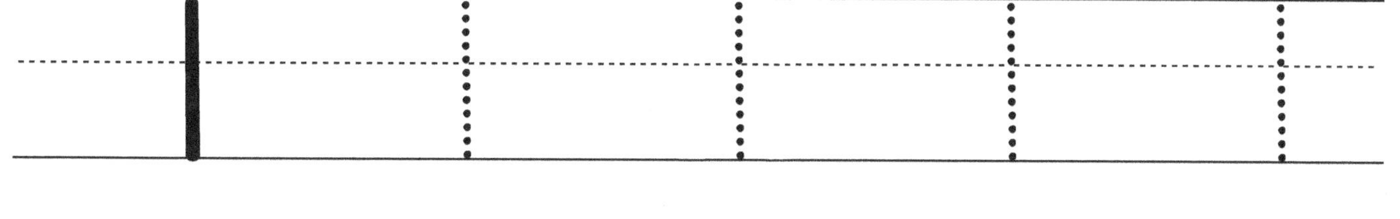

1 UNO

Colorea el caimán.

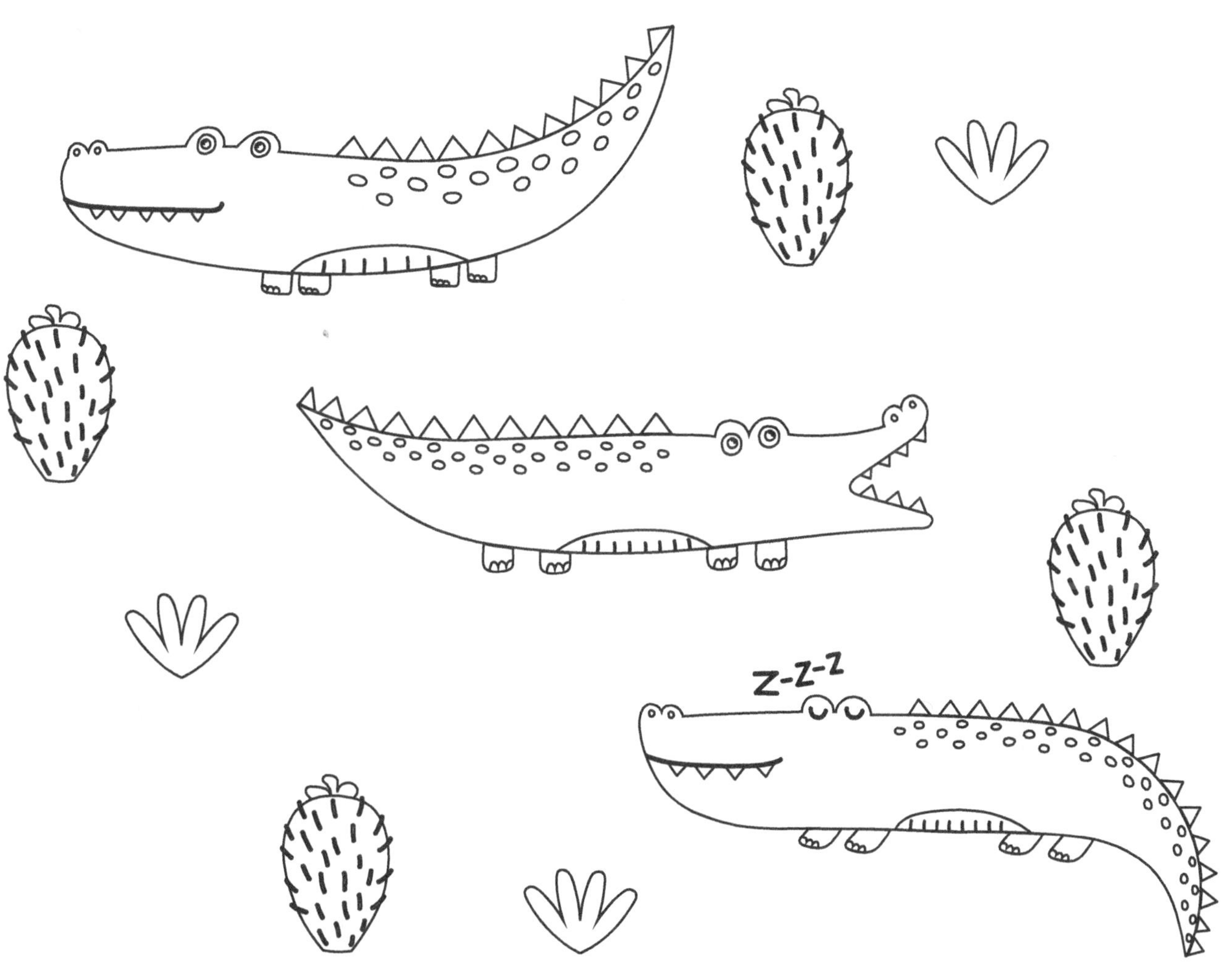

Cuenta y dilo en voz alta

dos zorros

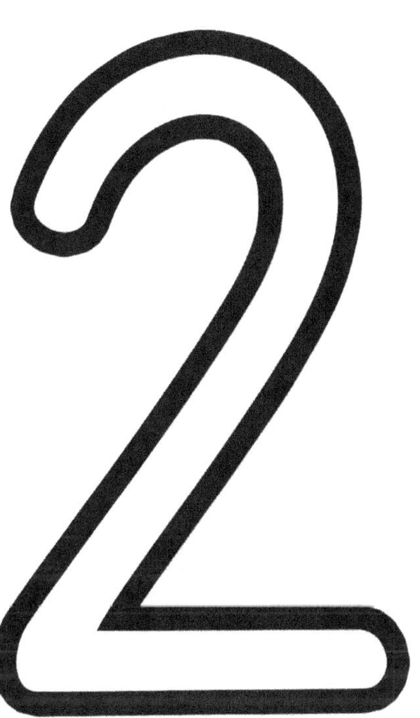

2

dos

2 DOS

Cuenta y encierra en un círculo a los zorros.

tres sirenas

3

3　3　3　3　3

tres　tres　tres

3 TRES

Colorea el círculo que
contiene tres caballitos de mar.

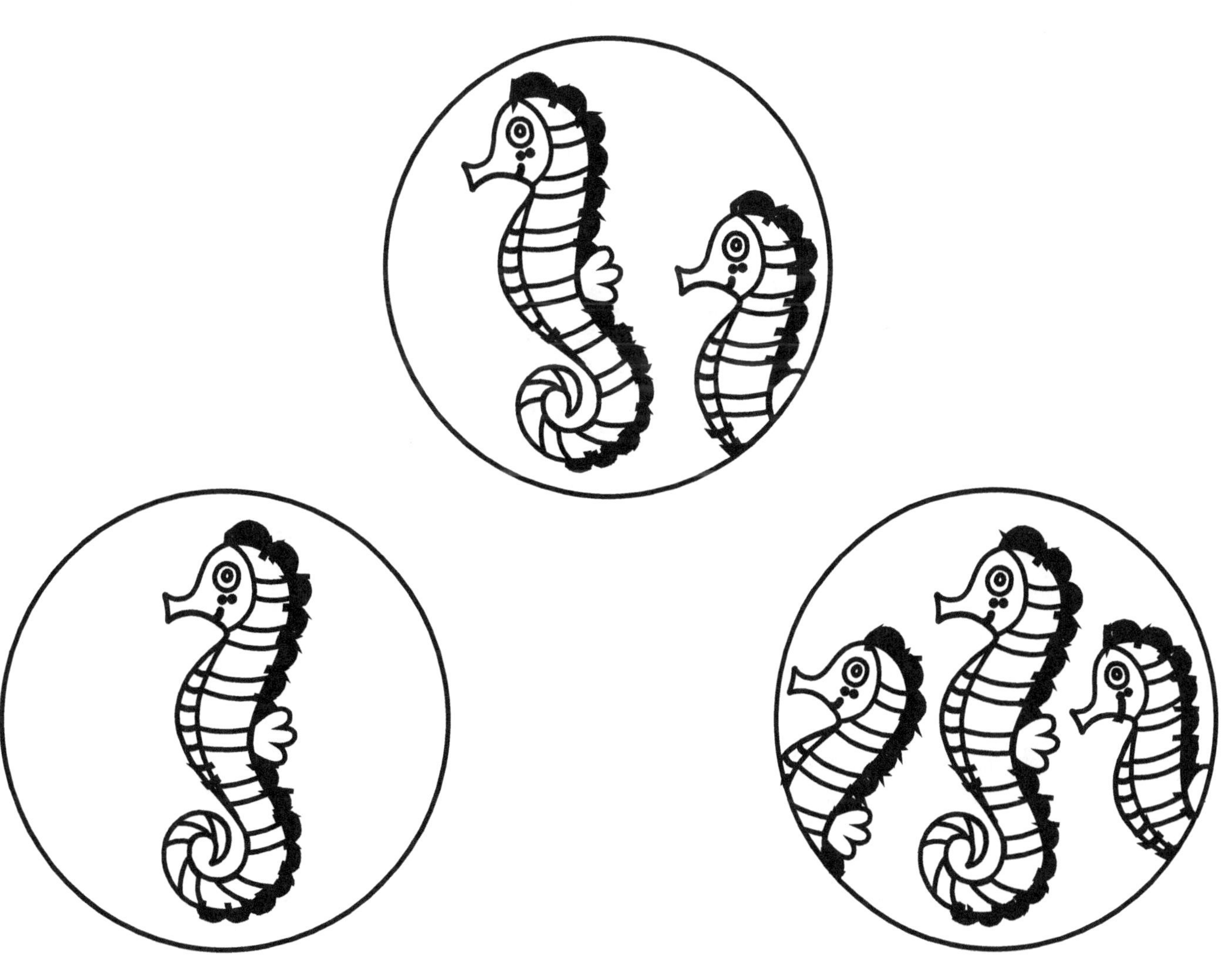

Cuenta y dilo en voz alta

cuatro búhos

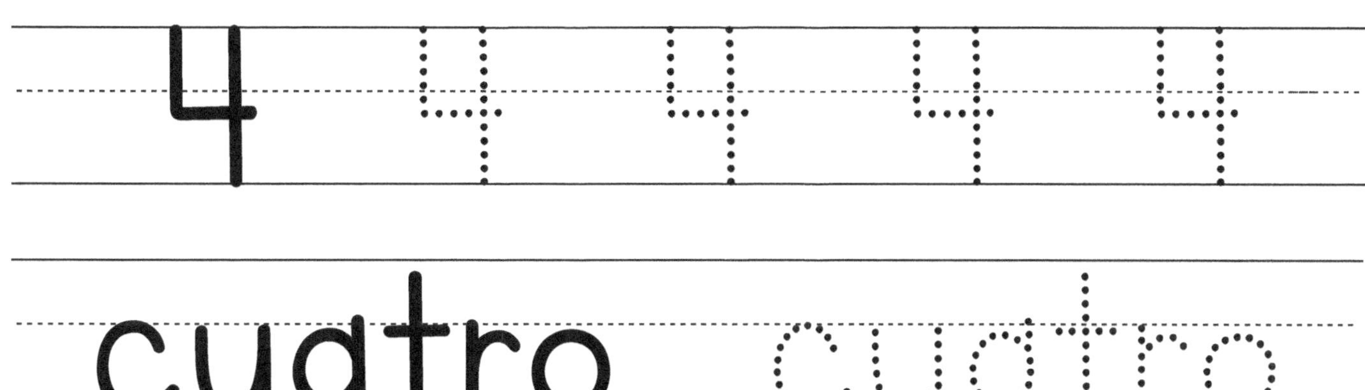

cuatro

4 CUATRO

Cuenta y encierra en un círculo a los búhos.

cinco conejos

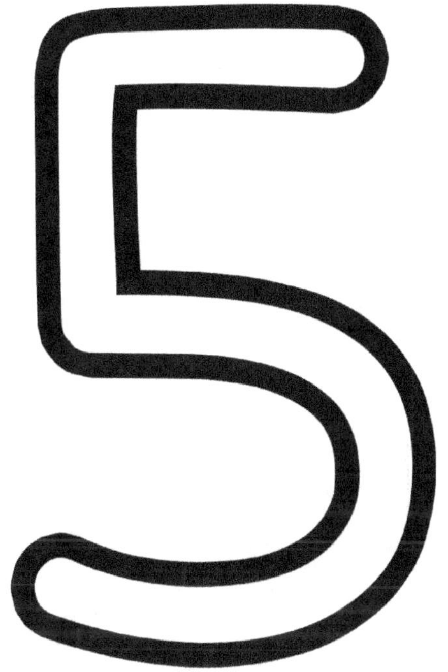

5 5 5 5 5

cinco cinco

5 CINCO

Cuenta y encierra en un círculo
a los conejos.

Cuenta y dilo en voz alta

seis jirafas

6   6   6   6   6   6

seis   seis   seis

6 SEIS

Colorea la jirafa con seis manchas.

Cuenta y dilo en voz alta

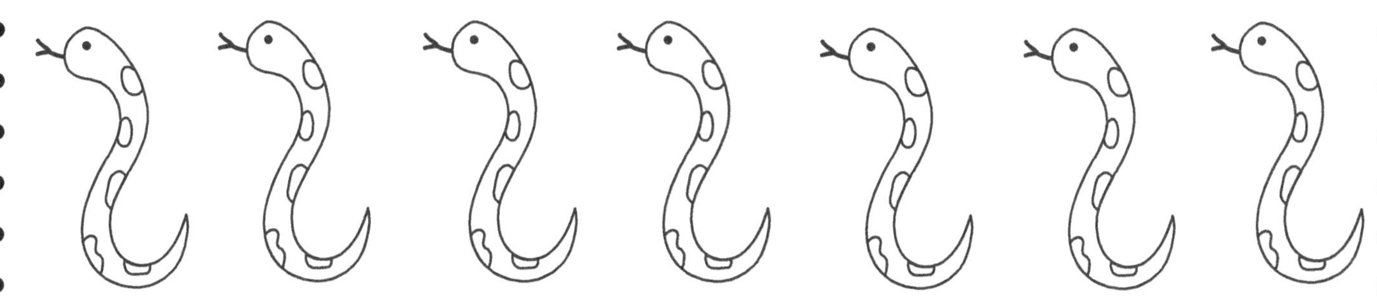

siete serpientes

7 7 7 7 7 7 7

siete   siete

7 SIETE

Colorea la serpiente con siete manchas.

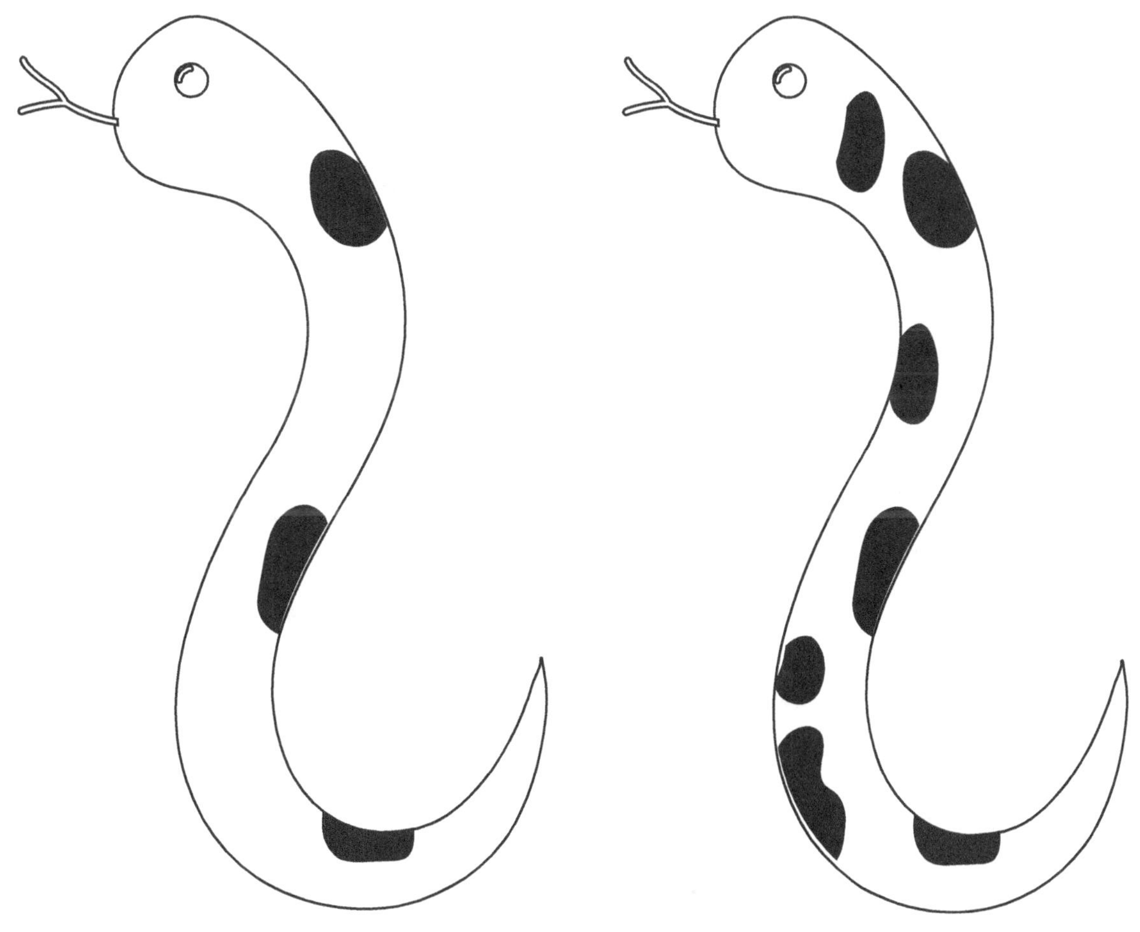

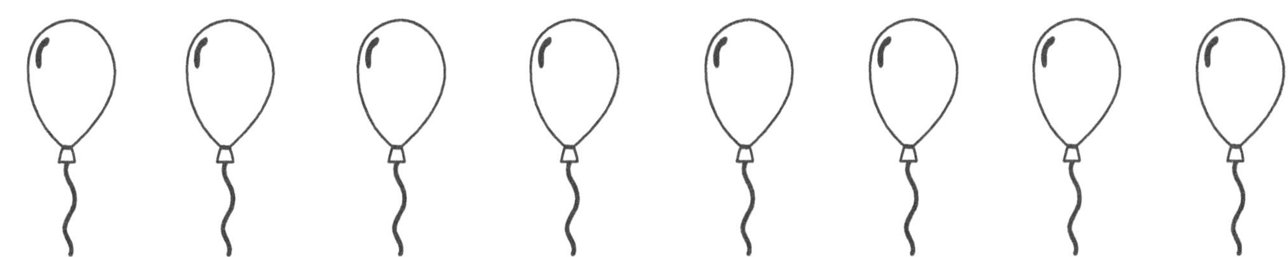

ocho globos

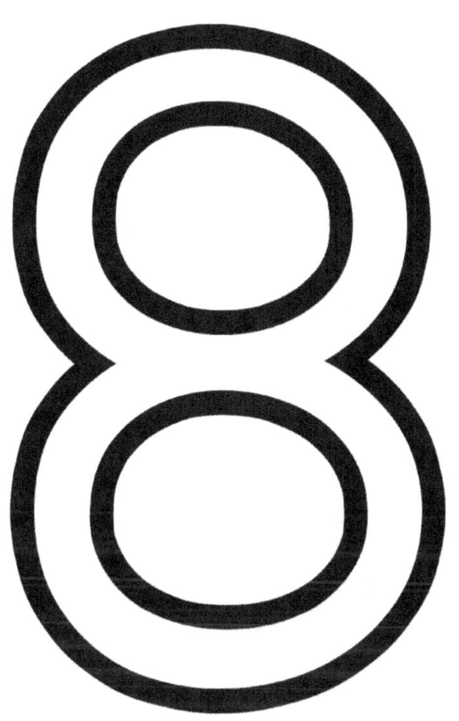

8   8   8   8   8

ocho   ocho

8 OCHO

Cuenta y colorea los globos.

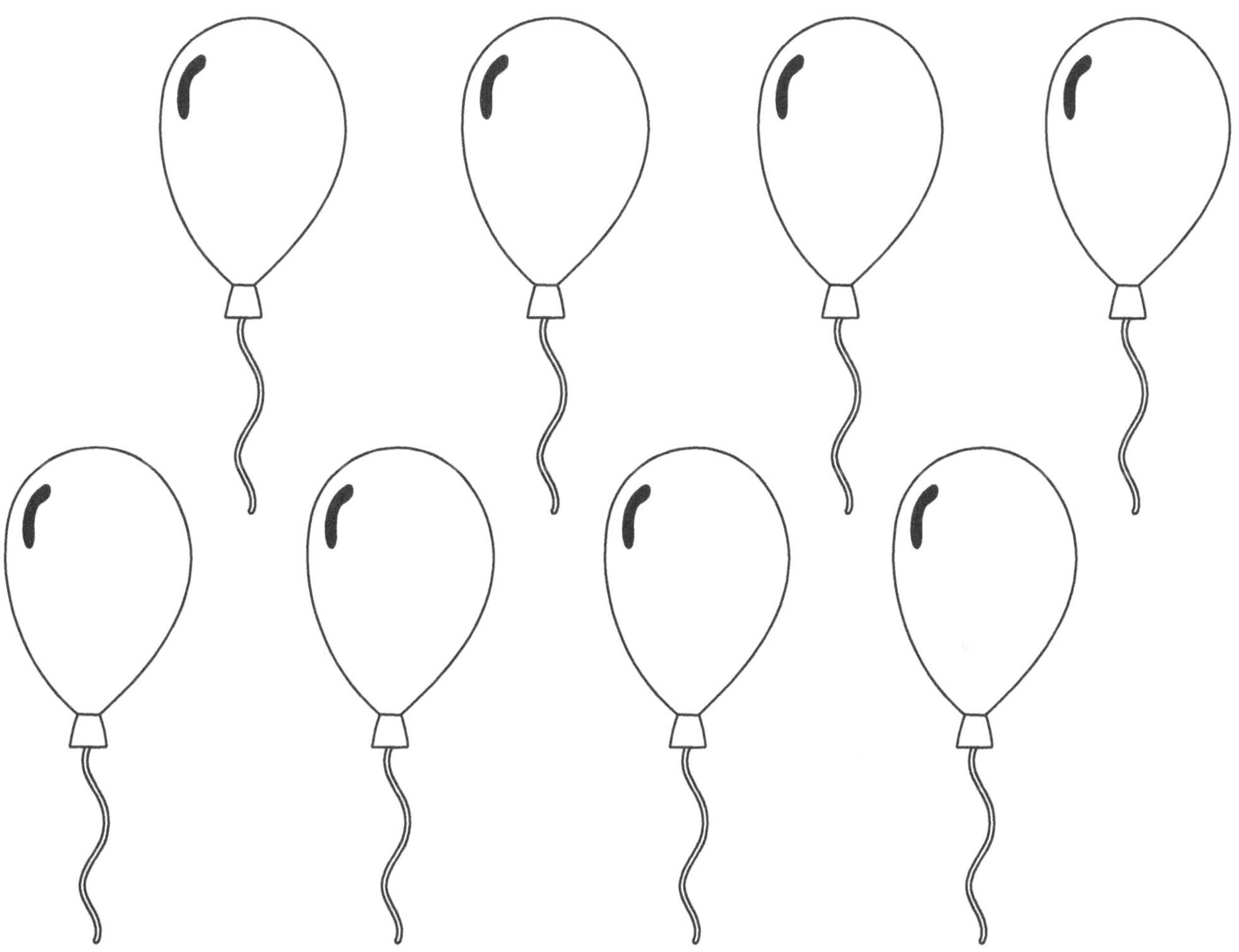

nueve flores

q q q q q q

nueve nueve

9 NUEVE

¿Qué patio tiene nueve flores?
Coloréalas.

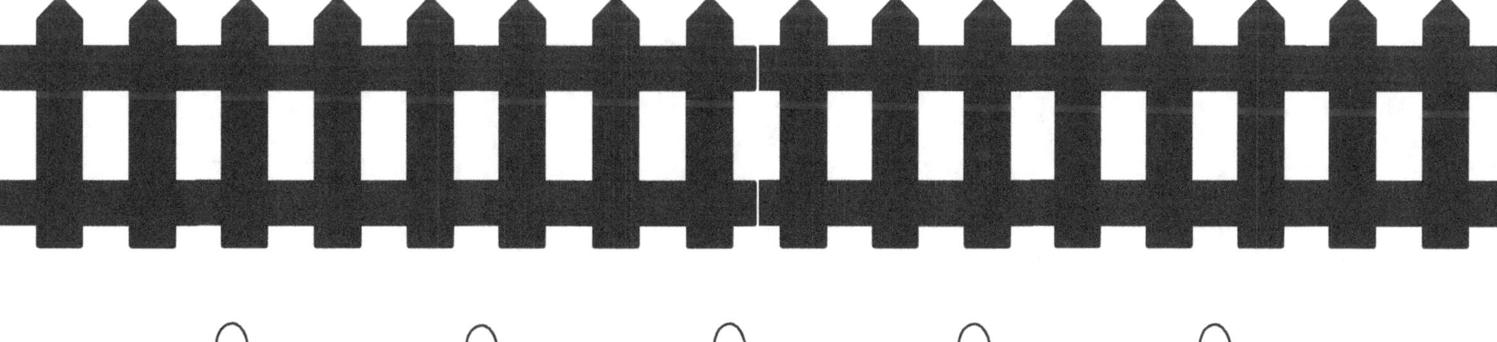

diez estrellas

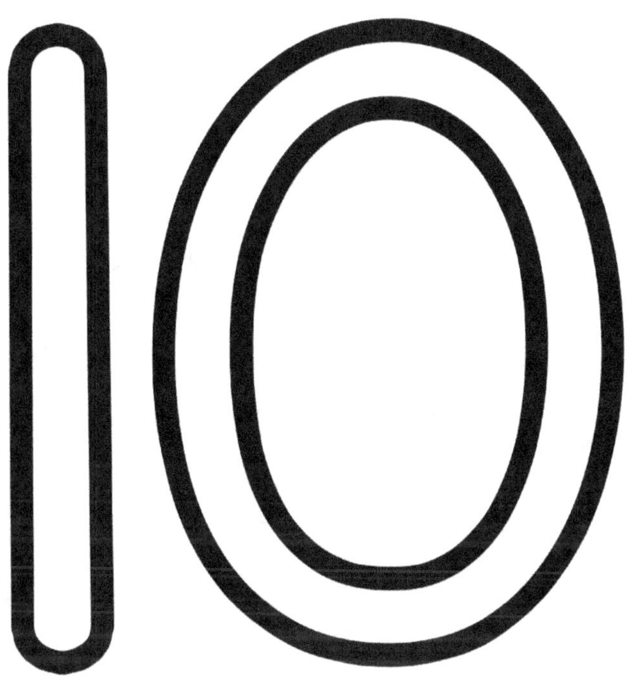

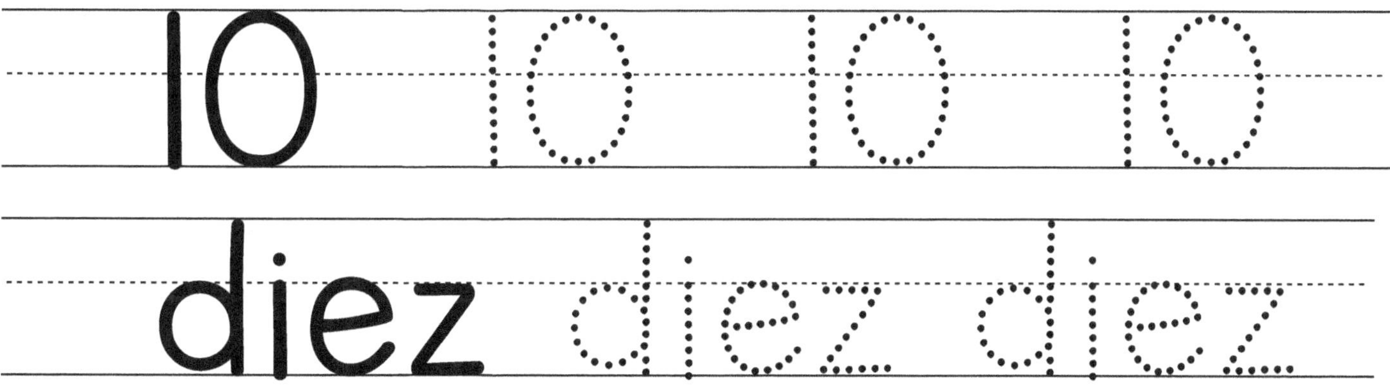

10 DIEZ

Cuenta y colorea los planetas.

Dibuja una línea desde cada número
hasta el número de objetos que coinciden.

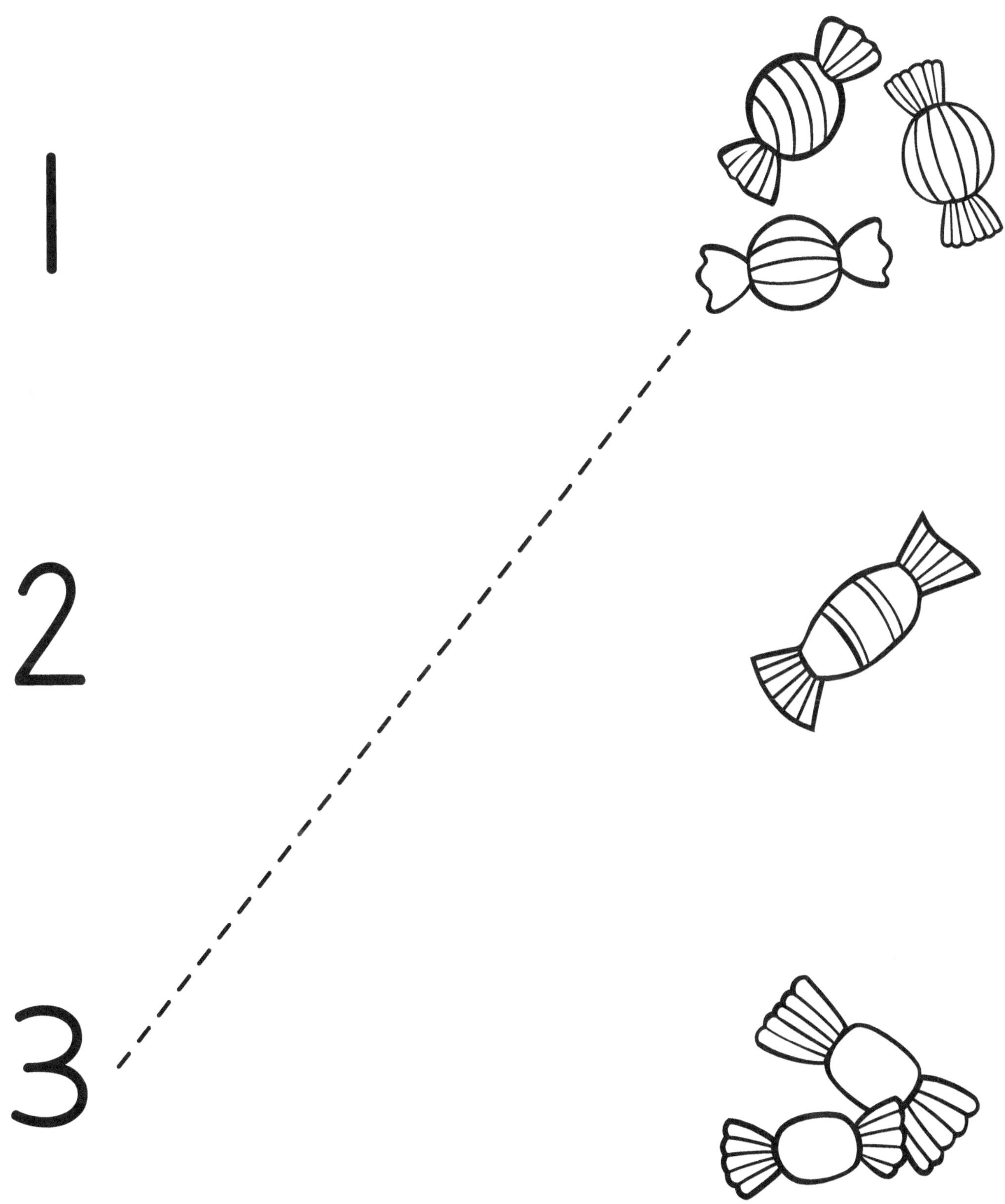

Traza las formas. Luego cuéntalas y escribe el número.

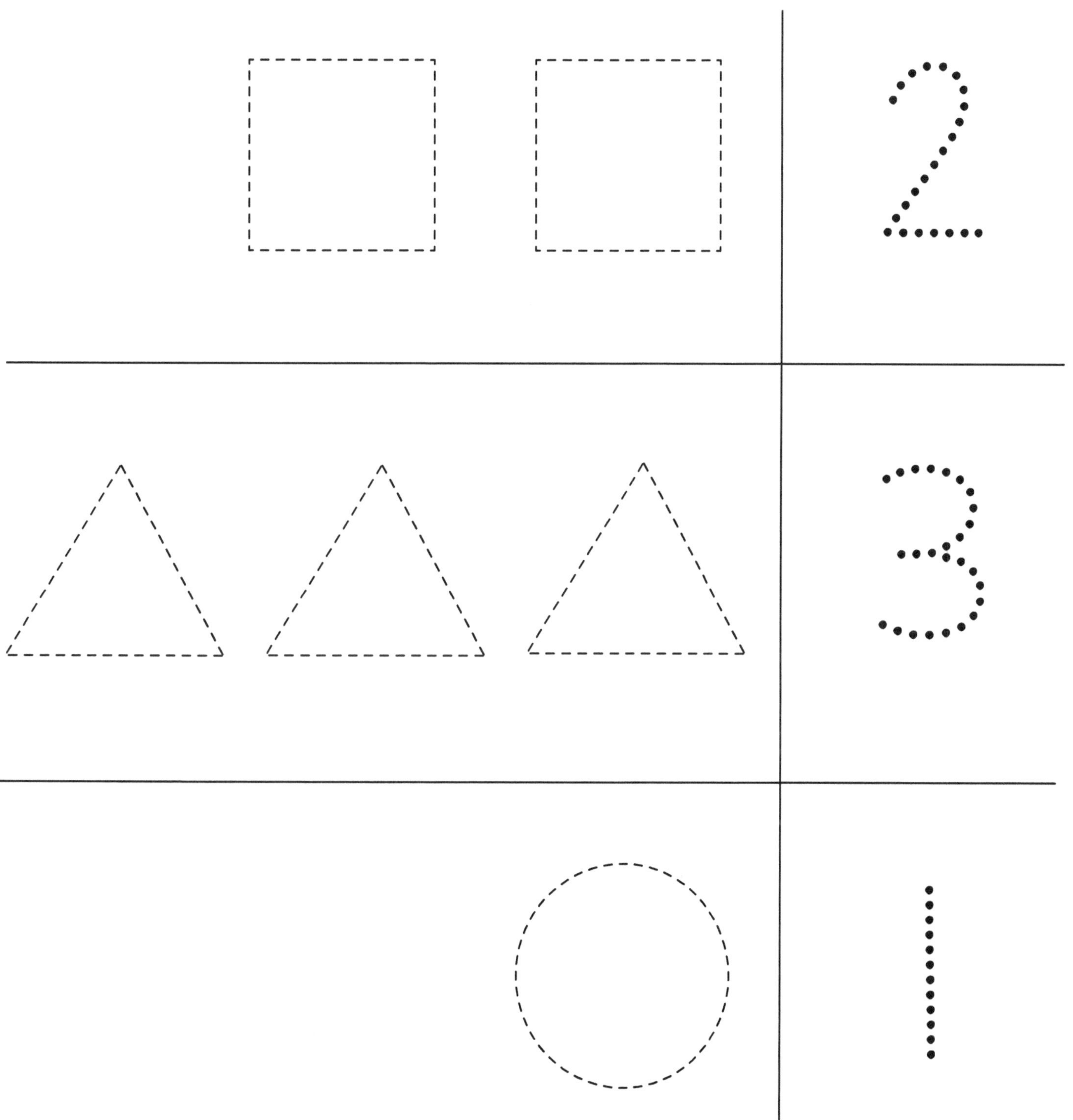

Cuenta cada grupo. Traza el número.
¡Coloréalos!

2

1

0

4

Cuenta y suma. Luego escribe la suma
en el recuadro.

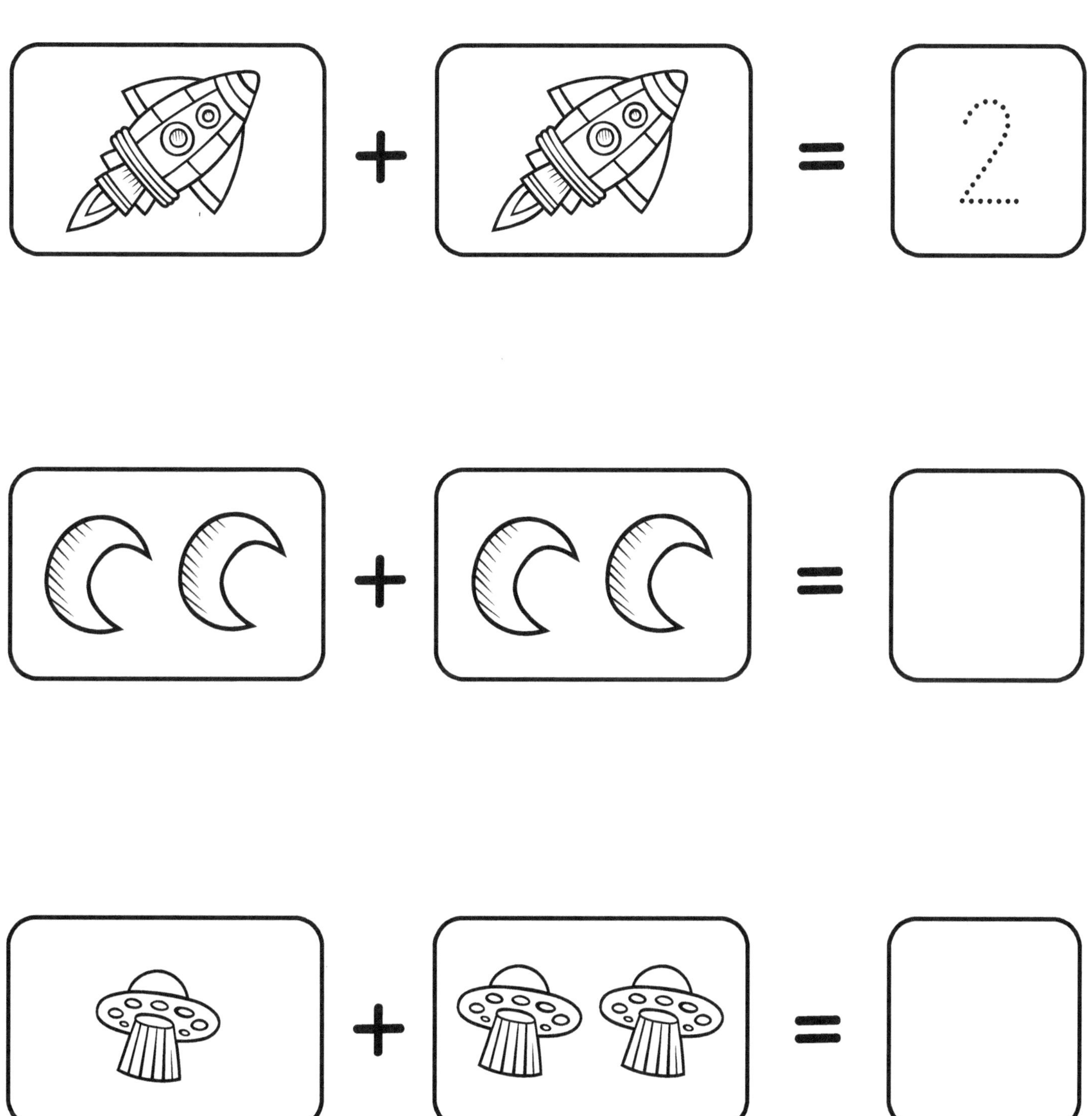

Dibuja una línea desde cada número
hasta el número de objetos que coinciden.

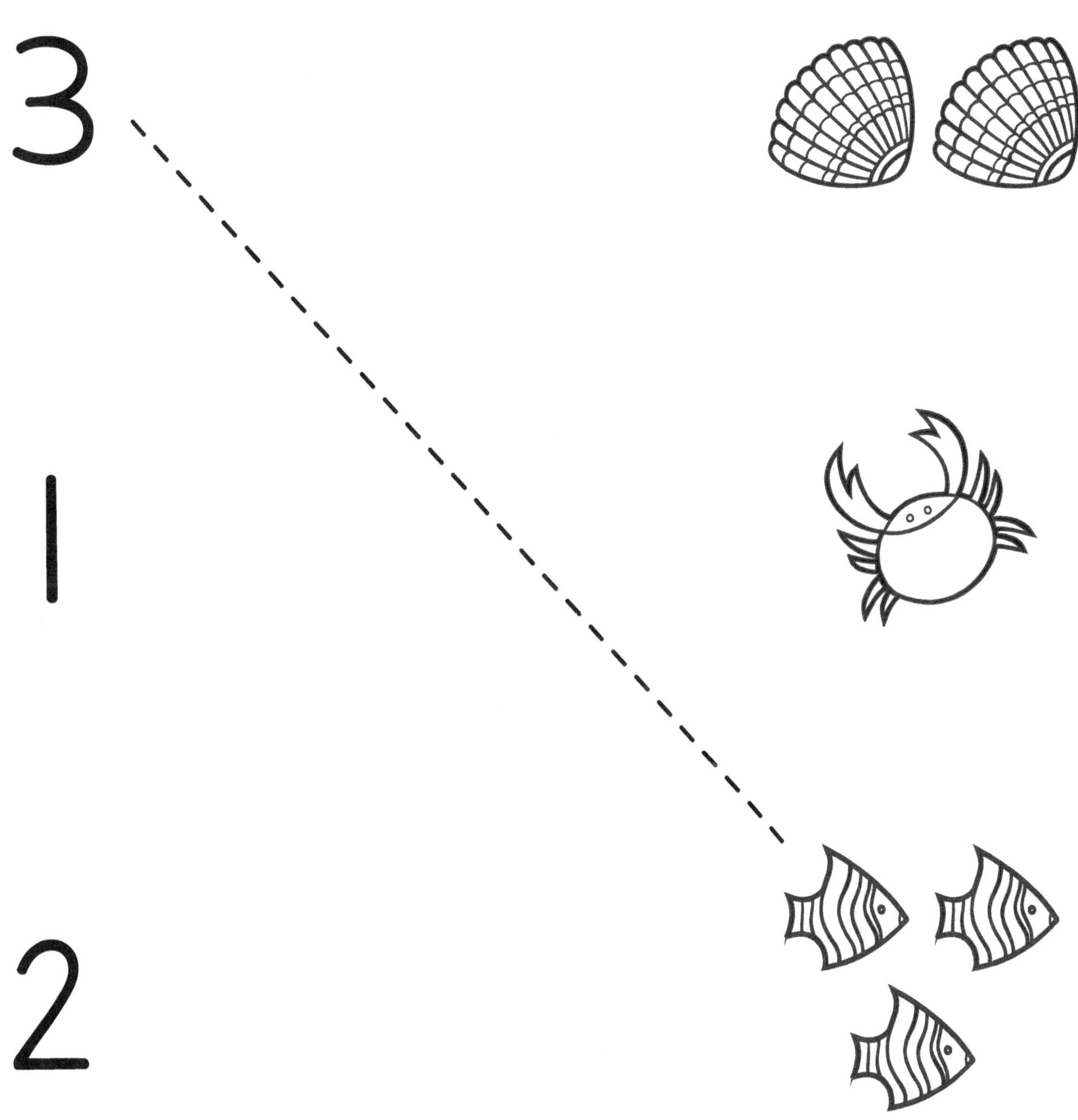

Traza las formas. Luego cuéntalas y escribe el número.

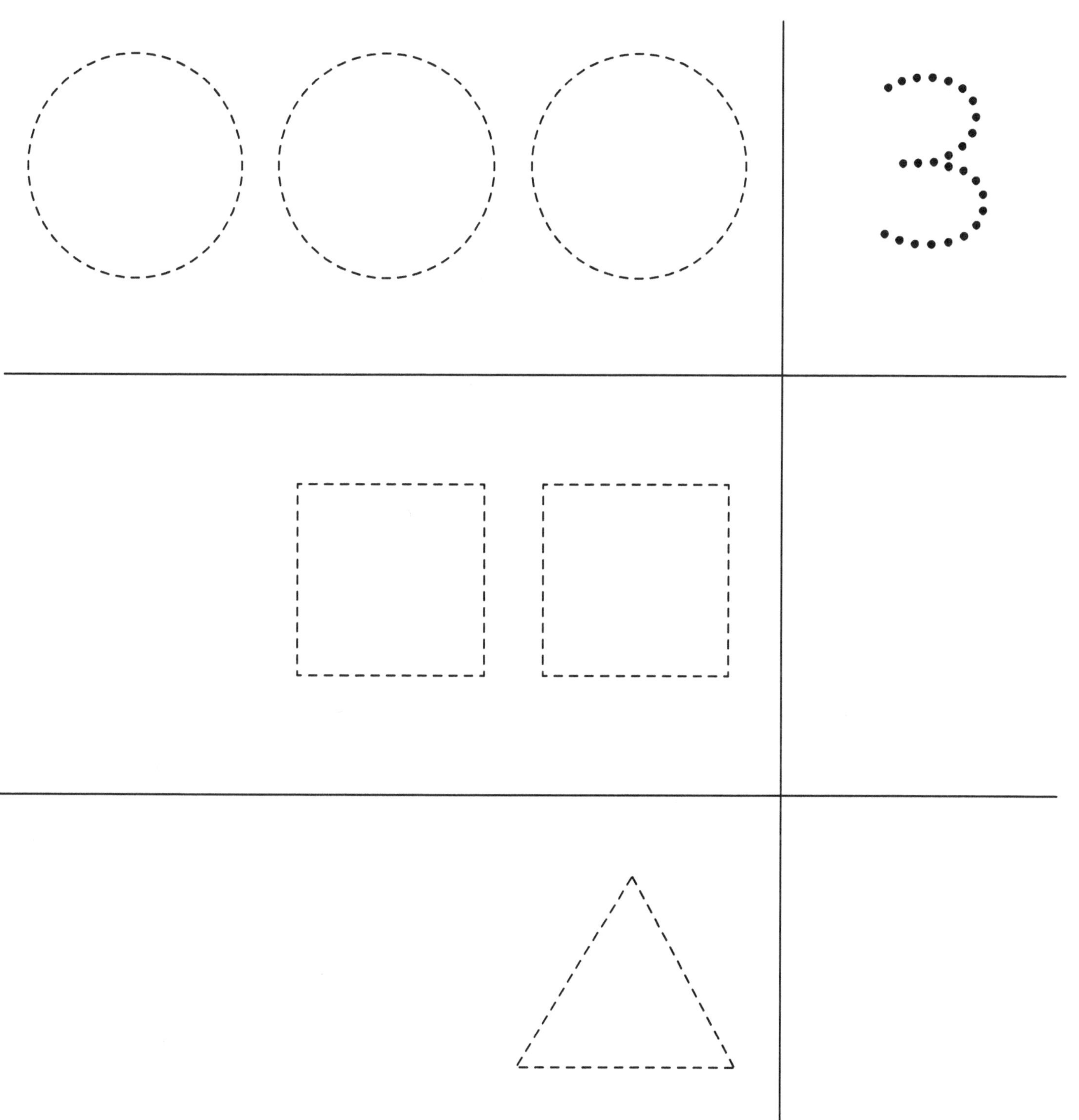

Cuenta cada grupo. Traza el número.
¡Coloréalos!

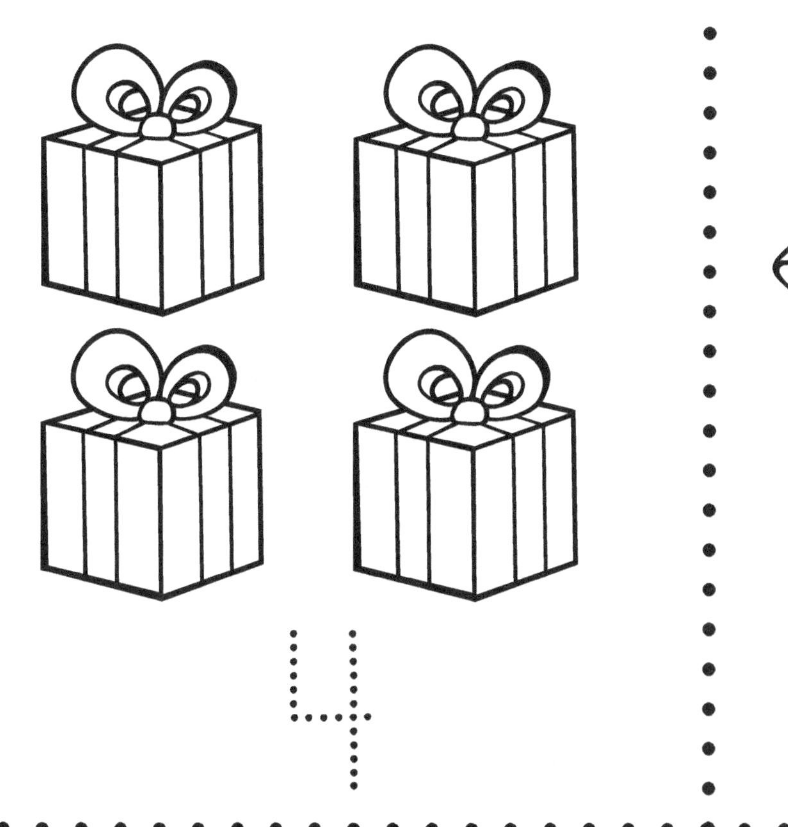

4

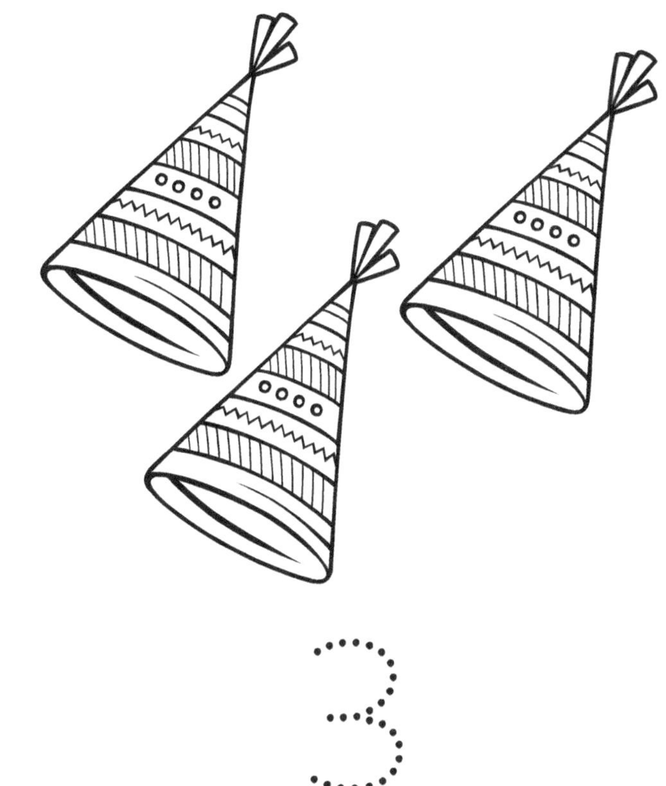

3

1

6

Cuenta y suma. Luego escribe la suma en el recuadro.

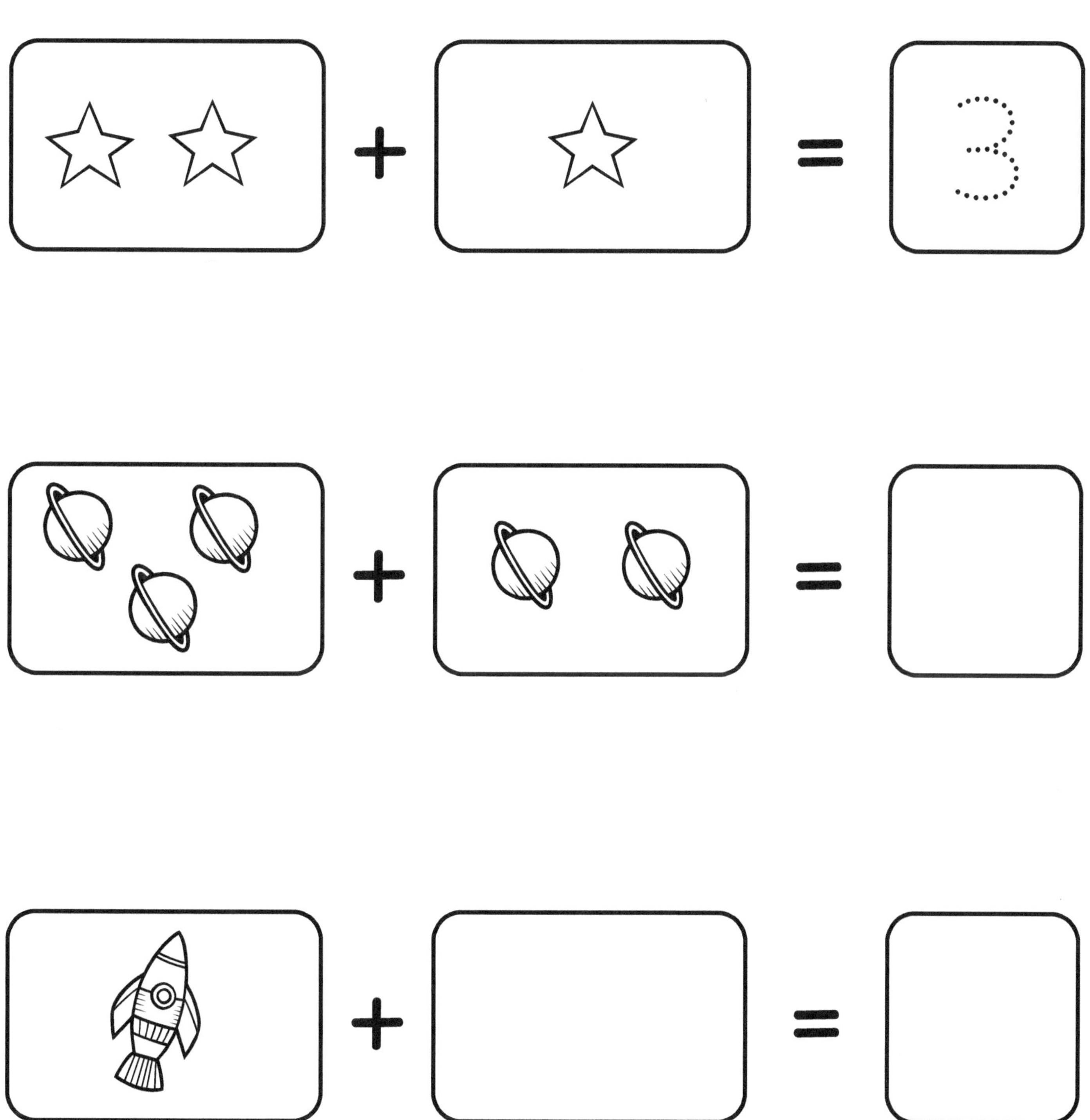

Dibuja una línea desde cada número
hasta el número de objetos que coinciden.

2

3

1

Traza las formas. Luego cuéntalas y escribe el número.

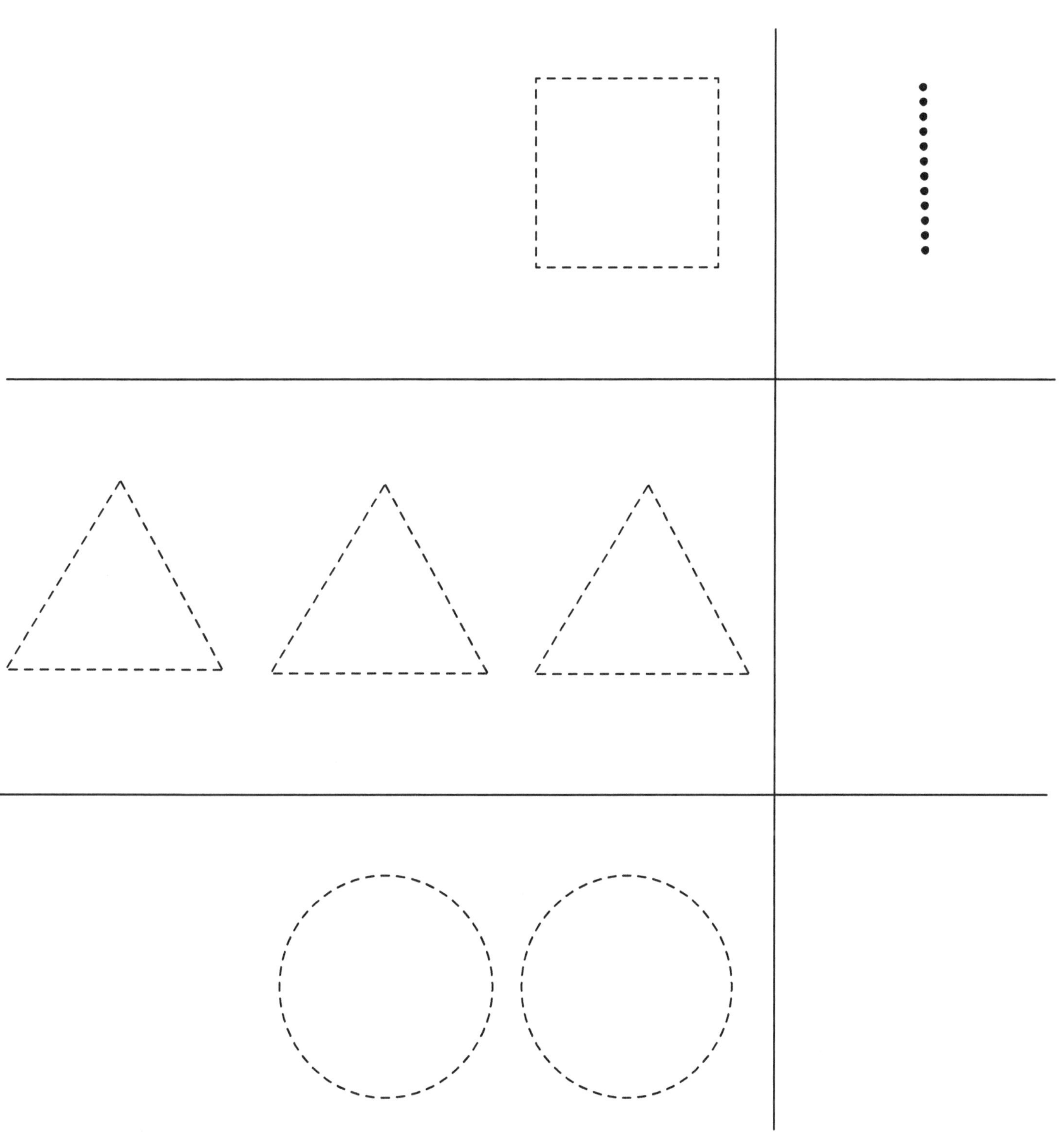

Cuenta cada grupo. Traza el número.
¡Coloréalos!

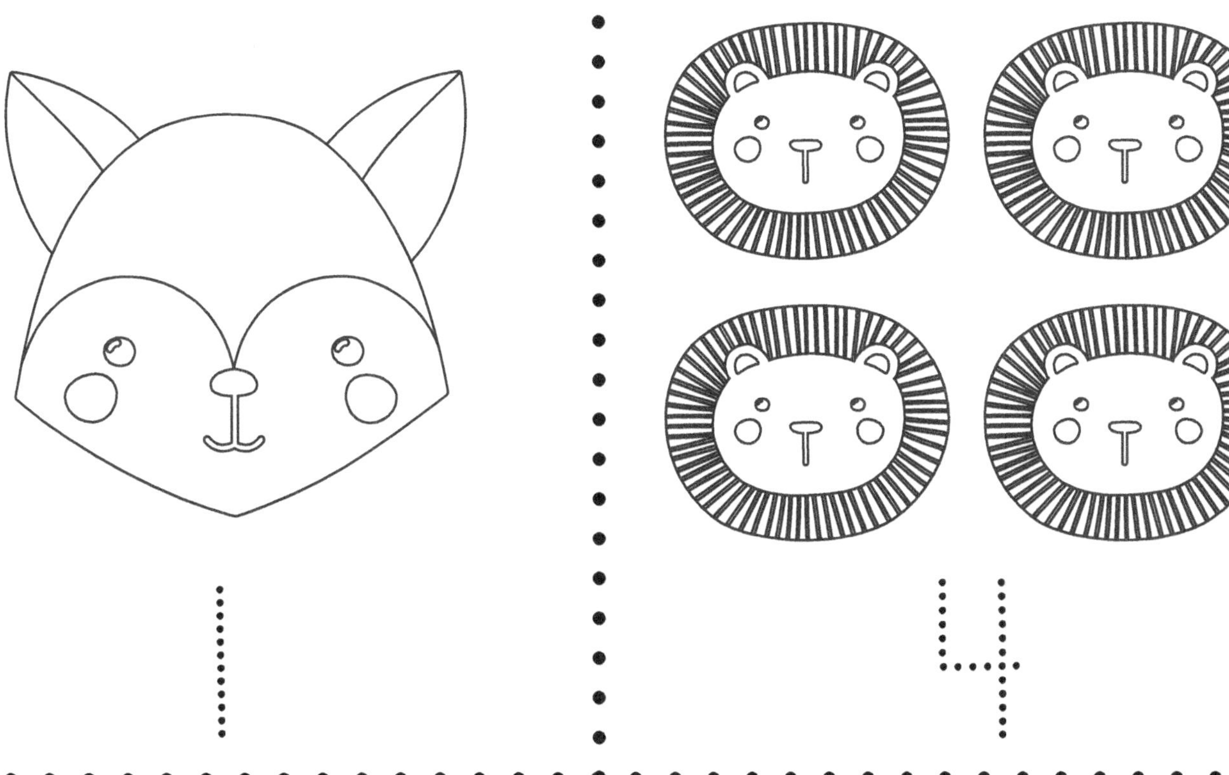

Cuenta y suma. Luego escribe la suma en el recuadro.

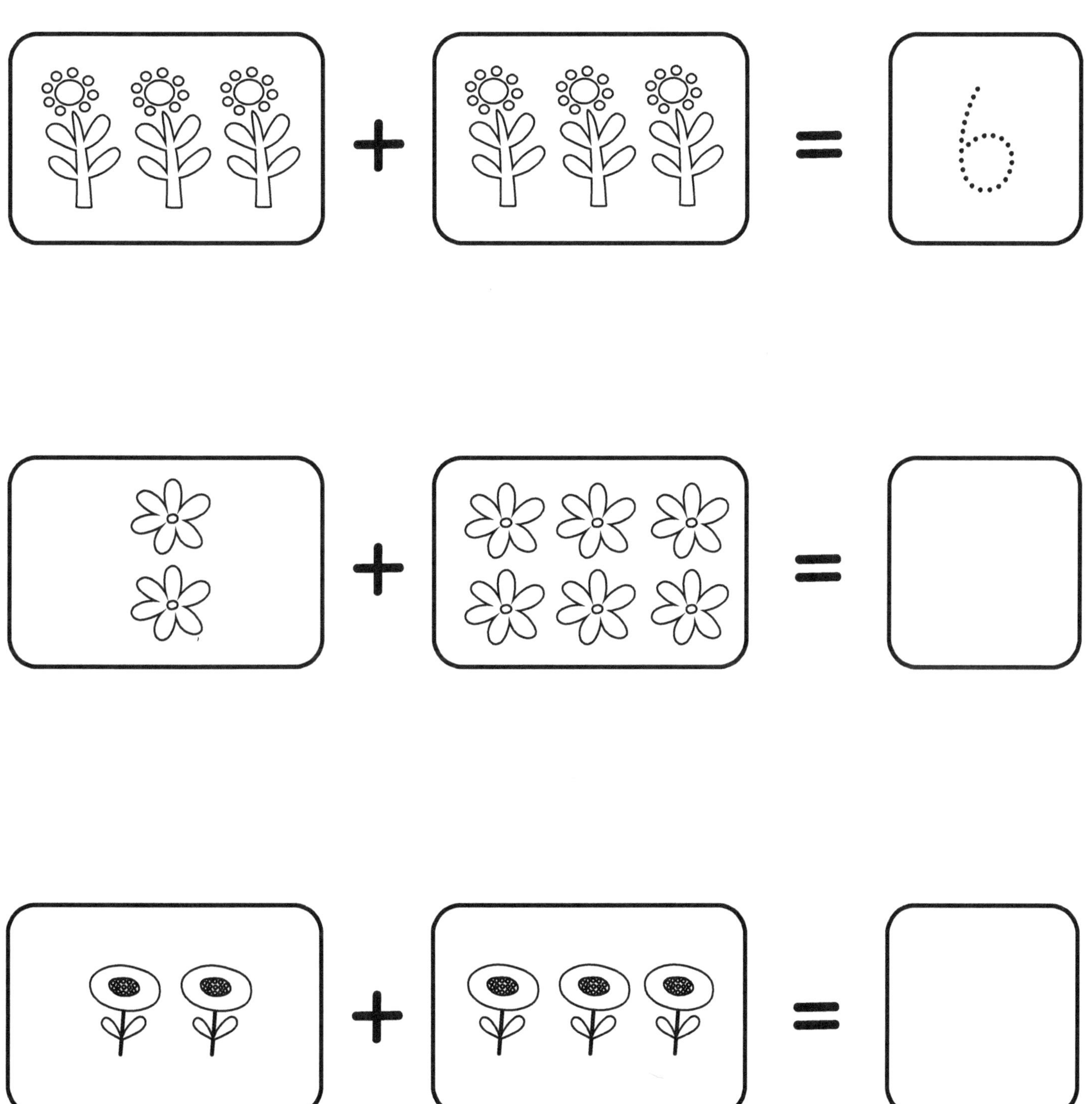

Dibuja una línea desde cada número
hasta el número de objetos que coinciden.

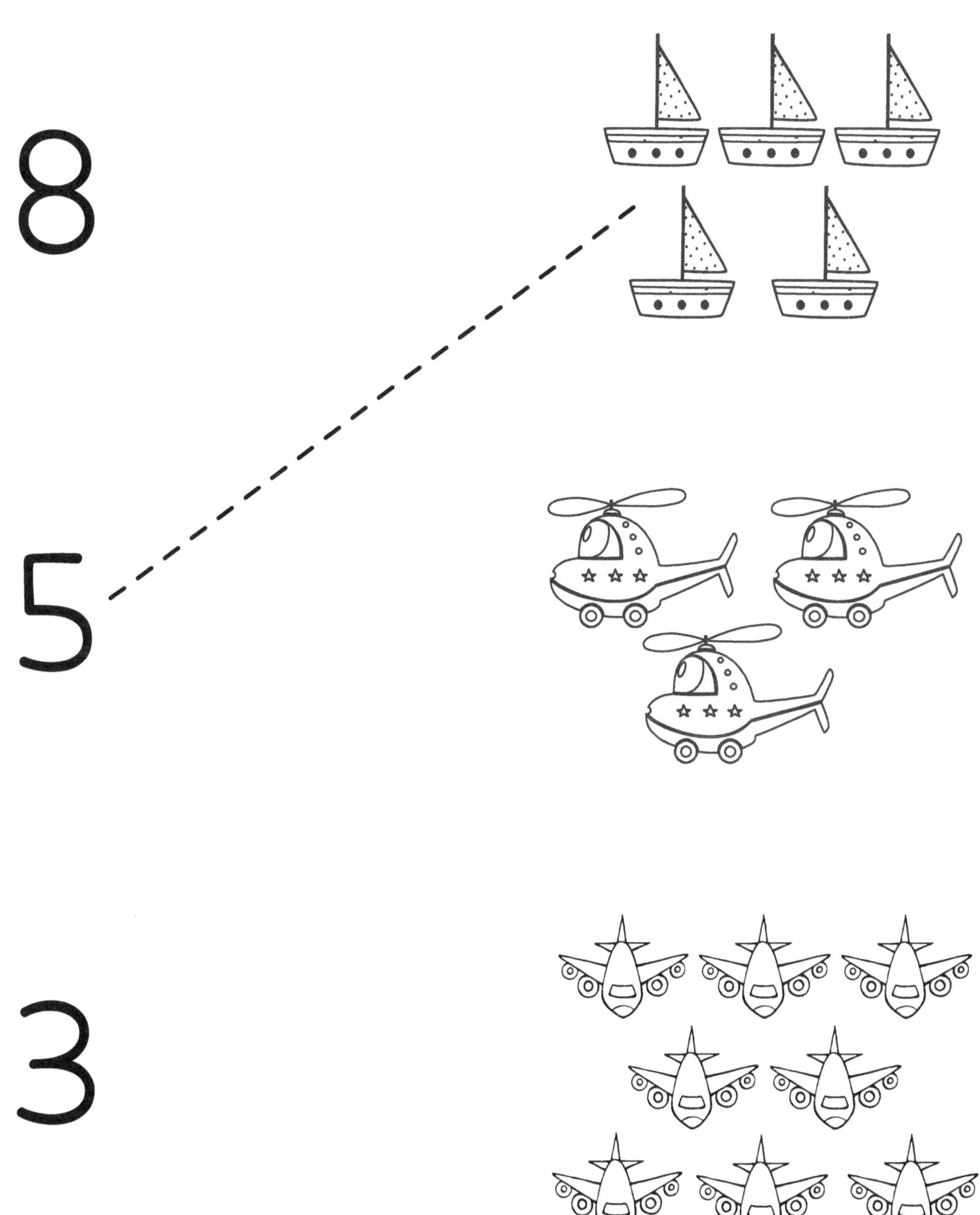

8

5

3

Mira cada grupo. Encierra en un círculo el
número que indica cuántos hay en ese grupo.

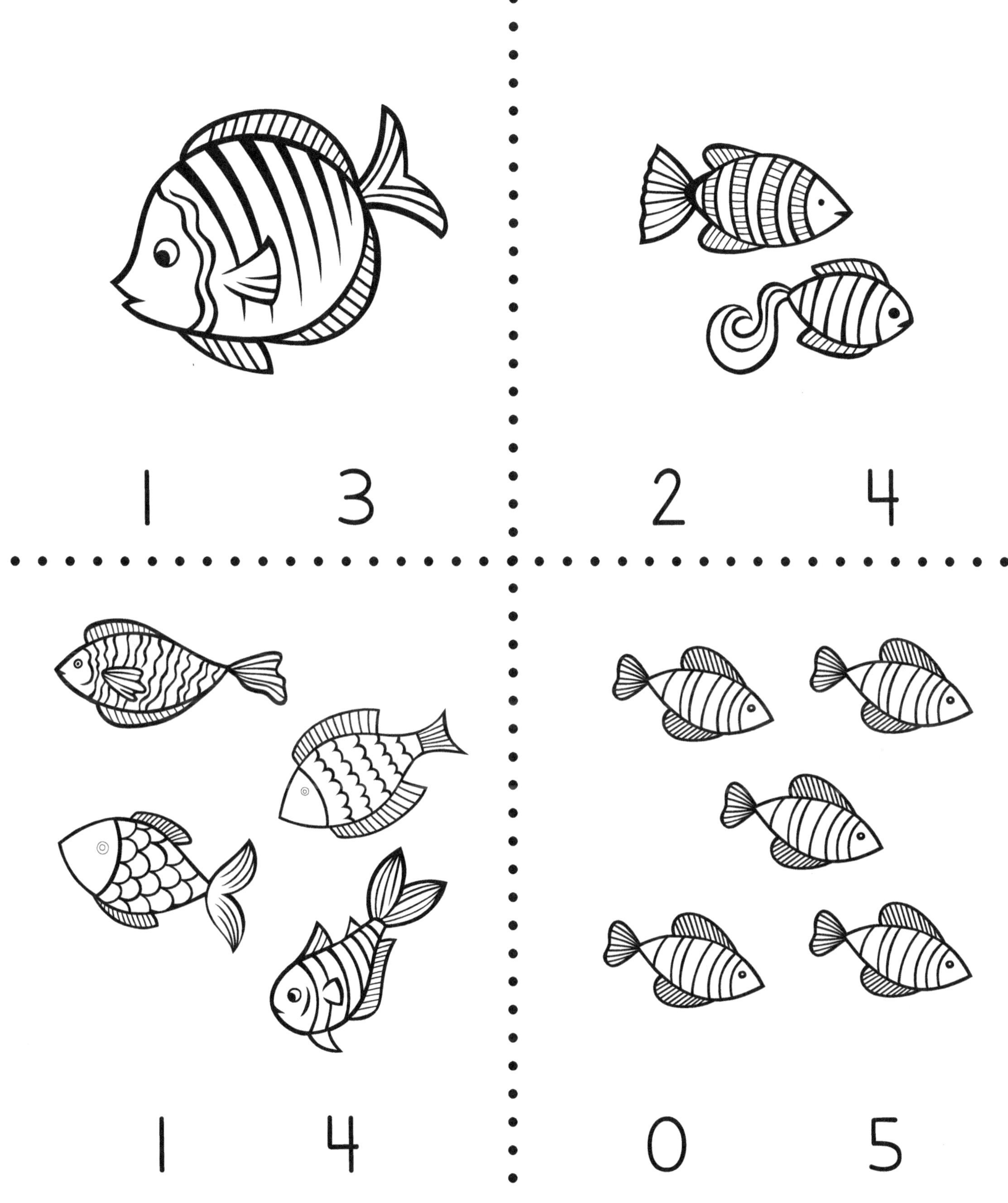

Cuenta y suma. Luego escribe la suma en el recuadro.

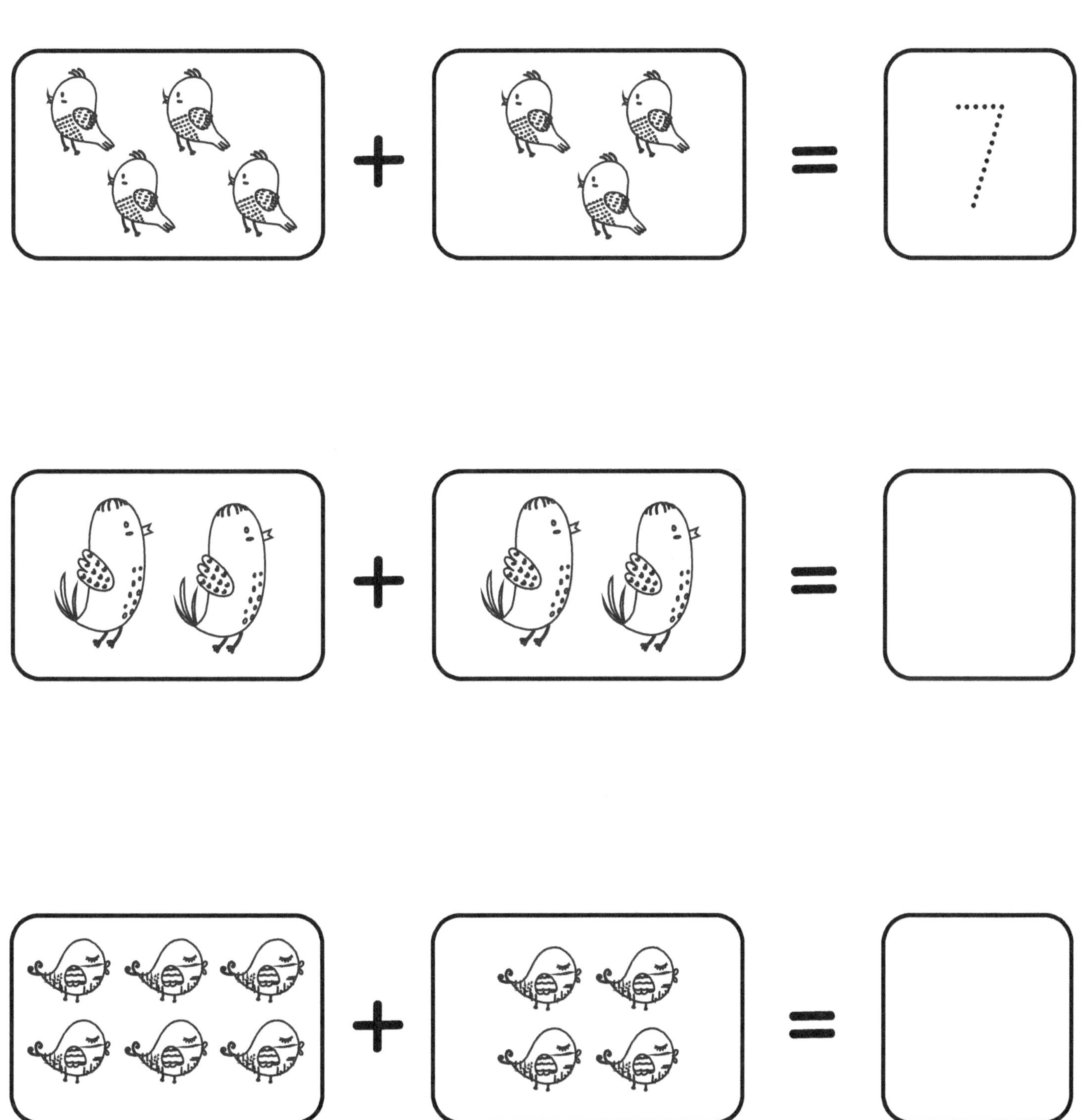

Cuenta los objetos. Luego réstalos como se muestra. ¿Cuántos quedan? Escribe la respuesta.

$4 - 2 = 2$

$6 - 1 =$

$3 - 1 =$

$3 - 2 =$

Dibuja una línea desde cada número
hasta el número de objetos que coinciden.

10

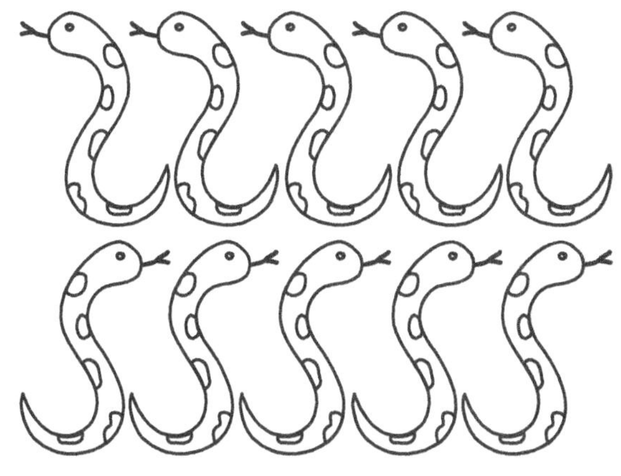

6

2

Mira cada grupo. Encierra en un círculo el número que indica cuántos hay en ese grupo.

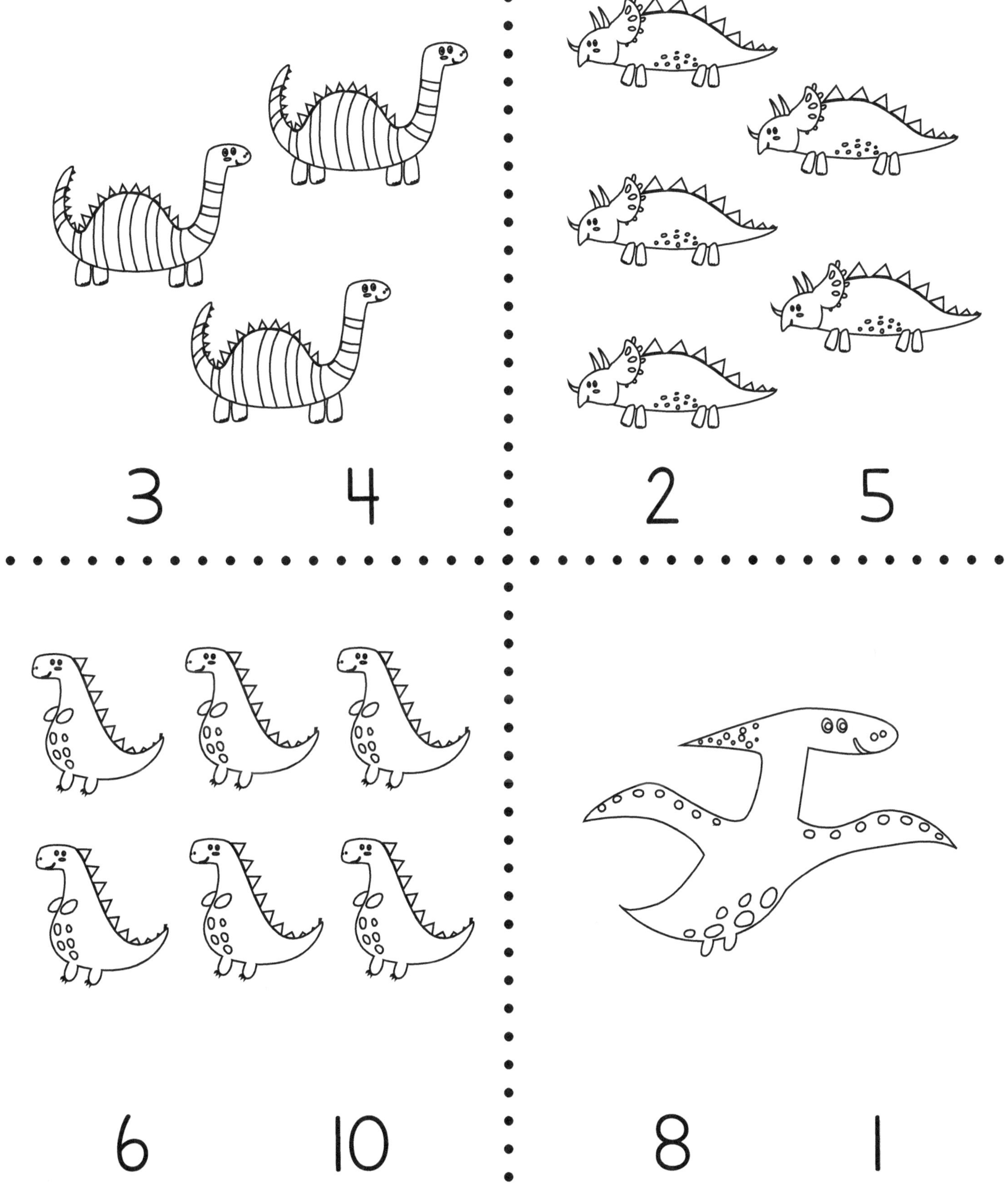

3   4
2   5
6   10
8   1

Cuenta y suma. Luego escribe la suma en el recuadro.

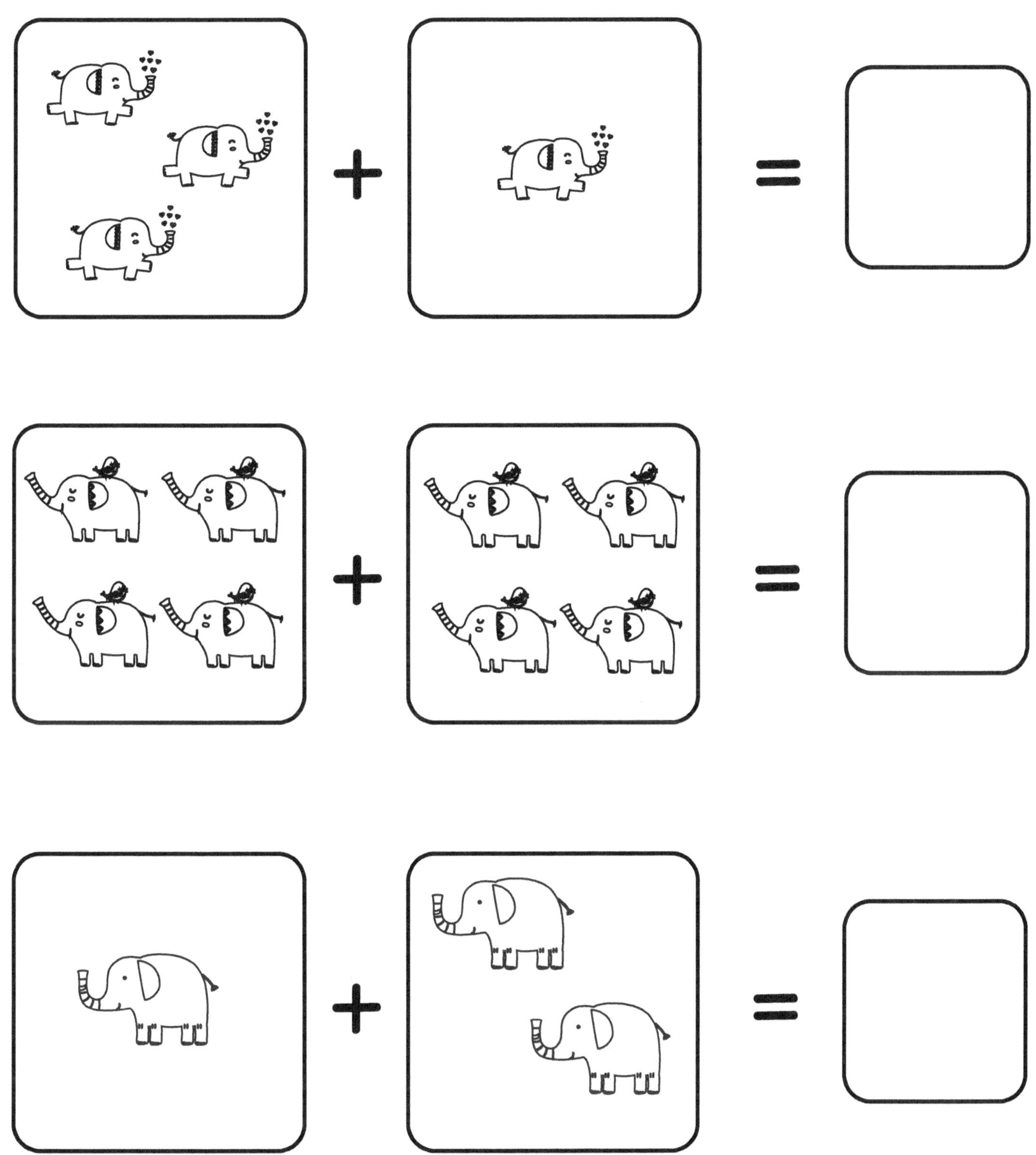

Cuenta los objetos. Luego restalos como se muestra. ¿Cuántos quedan? Escribe la respuesta.

$3 - 1 = 2$

$4 - 2 =$

$5 - 1 =$

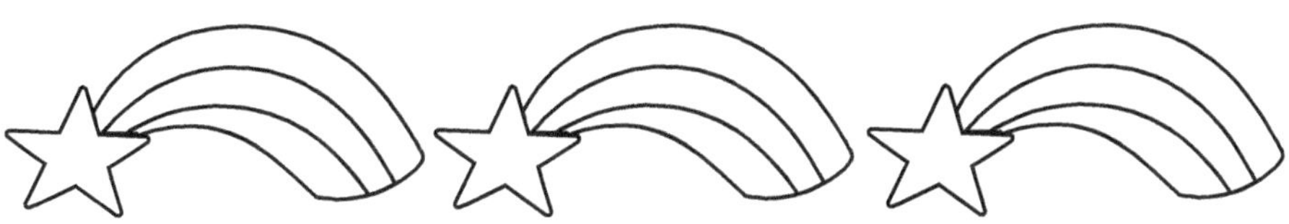

$3 - 2 =$

Dibuja una línea desde cada número
hasta el número de objetos que coinciden.

2

4

q

Mira cada grupo. Encierra en un círculo el número que indica cuántos hay en ese grupo.

q   3   :   5   0

2   7   :   1   6